Stanislav Fisenko

# Zwaartekrachtstraling en thermonucleaire fusie

Stanislav Fisenko

# Zwaartekrachtstraling en thermonucleaire fusie

## Zwaartekrachtstraling

GlobeEdit

**Imprint**
Any brand names and product names mentioned in this book are subject to trademark, brand or patent protection and are trademarks or registered trademarks of their respective holders. The use of brand names, product names, common names, trade names, product descriptions etc. even without a particular marking in this work is in no way to be construed to mean that such names may be regarded as unrestricted in respect of trademark and brand protection legislation and could thus be used by anyone.

Cover image: www.ingimage.com

Publisher:
GlobeEdit
is a trademark of
International Book Market Service Ltd., member of OmniScriptum Publishing Group
17 Meldrum Street, Beau Bassin 71504, Mauritius

Printed at: see last page
**ISBN: 978-620-0-51500-1**

# Abstract

In dit werk, zonder bijkomende veronderstellingen en constructies (met behulp van alleen de vergelijkingen van de kwantummechanica en de vergelijkingen van de relativistische theorie met het L-lid), werd een deeltjesmodel verkregen, waardoor het mogelijk is om de kwantumtoestanden te berekenen die door de zwaartekrachtinteractie worden gegenereerd. Zwaartekrachtstraling (als gevolg van overgangen over stationaire toestanden van een deeltje in het eigen zwaartekrachtsveld) kan worden opgewekt in een dicht hogetemperatuurplasma en onder bepaalde omstandigheden worden versterkt, maar de versterking ervan zal leiden tot compressie van het uitstralende systeem. Onder omstandigheden van versterking van de zwaartekrachtstraling zal er dus geen sprake zijn van zwaartekrachtstraling zelf, maar alleen van het resultaat van de werking ervan. In dit geval kunnen de kwantitatieve kenmerken van het spectrum van de zwaartekrachtstraling (als straling van hetzelfde niveau met elektromagnetische straling) worden bepaald door de verbreding van het spectrum van de elektromagnetische straling. Het feit alleen al dat plasma compressie door een uitgestraald zwaartekrachtveld kan worden gebruikt voor thermonucleaire fusie.

# Inhoud

## Inleiding

Men gelooft dat volgens de Algemene Relativiteitstheorie (GR) systemen met variabele vierpolige of hogere meerpolige momenten gravitatiestraling kunnen genereren. Onder deze aanname is het vermogen van de corresponderende zwaartekrachtstraling evenredig met de vierpolige massaverdelingssensor van het uitstralende systeem $Qij$, en de constante $G$ (Newton's zwaartekrachtsconstante), die in deze afhankelijkheid is opgenomen, geeft de orde van grootte van het stralingsvermogen. De illegaliteit van het gebruik van deze formule zit niet in het gebruik van de quadrupoolbenadering, maar in het berekeningsschema. Het systeem kan slechts in bepaalde kwantumtoestanden uitzenden, en dit geldt voor elke vorm van straling, ongeacht de aard ervan. Dit is een axioma van de kwantummechanica, evenals het bestaan van een elementaire bron van straling die deze toestanden heeft. Hoewel GR geen kwantitatieve schattingen geeft voor het emissiespectrum van gravitatiegolven, worden interferenties van onbekende oorsprong als zodanig verkeerd voorgesteld. Bovendien veranderen de frequenties van dergelijke interferenties van tijd tot tijd, en de klassieke theorie voorspelt ze niet. Bijgevolg vereist de theoretische voorspelling van het spectrum van de gravitatiestraling een evaluatie van de kwantumtoestanden, overgangen waartussen straling wordt veroorzaakt.

# 1.Gravitational straling

## 1.1. Zwaartekrachtstraling van de elektronen met lijnspectrum als zijnde van één niveau van de elektromagnetische straling

Over het algemeen heeft de covariante relativistische vorm van de vergelijkingen van Einstein's theorie van de zwaartekracht, zoals we weten, de volgende vorm:

$$R_{ik} - \frac{1}{2} g_{ik} R - \Lambda g_{ik} = \chi T_{ik} \quad (1)$$

In deze vergelijkingen $\chi$ is een constante die betrekking heeft op de geometrische eigenschappen van de ruimte-tijdverdeling van fysische materie, zodat de oorsprong van de vergelijkingen niet geassocieerd wordt met de numerieke beperking van de waarden. Alleen de eisen van naleving van de wet van Newton van universele gravitatie leidt tot numerieke waarden $\Lambda = 0, \chi = 8\pi G / c^4$ , waarbij G de gravitatieconstante Vergelijking van de Newton is met bepaalde constanten die op zo'n manier worden bepaald en zo ook de vergelijkingen van de algemene relativiteitstheorie van de Einstein. De vergelijkingen (1) zijn een gebruikelijke wiskundige vorm van de zwaartekrachtveldvergelijkingen die overeenkomen met het principe van gelijkwaardigheid en het postulaat van de algemene covariantie. De vergelijkingen van de vorm (1) worden gelijktijdig door Einstein en onafhankelijk door Gilbert [1] verkregen. Tegelijkertijd verwijzen we naar A. Salam [2], omdat hij degene is die als eerste de aandacht vestigde op de discrepantie tussen het kwantumniveau van de numerieke waarde van de Newtoniaanse gravitatieconstante. Hij is degene die het concept van de "sterke" zwaartekracht heeft voorgesteld, die gebaseerd was op de aanname van het bestaan van f-mesonen van spin-2 die SU (3) multiplet genereren (beschreven door de Pauli-Fierz-vergelijking). Er werd aangetoond dat de mogelijkheid van een andere constante link samen met de Newtoniaanse niet in strijd is met de geobserveerde effecten [2]. Deze aanpak is om een aantal redenen niet verder ontwikkeld. Het is nu duidelijk dat de numerieke waarde van de "sterke" zwaartekrachtsconstante gebruikt moet worden in vergelijkingen (1) met . Overigens, als $\Lambda \neq 0$ er stationaire oplossingen zijn van algemene Einstein's vergelijkingen zoals het door Einstein zelf werd gesteld, maar na de ontdekking door A. Friedman [3] niet-stationaire oplossingen toen $\Lambda = 0$ , uiteindelijk de algemene relativiteitstheorie werd gevormd zoals die nu bekend is. Het doorslaggevende argument in de algemene relativiteit voor het gelijkstellen van $\Lambda$ - lid aan nul is de noodzaak om de beperkende overgang naar de gravitatietheorie van Newton te corrigeren.

Vanaf de jaren 70 werd het duidelijk [2] dat in het kwantumdomein de numerieke waarde van G niet compatibel is met de principes van de kwantummechanica. Een aantal studies [2] hebben aangetoond dat in het kwantumdomein een constante $K$ aanvaardbaar is, waarin $K \approx 10^{40} G$ . Dit markeerde het probleem van de veralgemening van de relativistische vergelijkingen voor het kwantumniveau: deze veralgemening moet aansluiten bij de numerieke waarden van de constanten in de kwantum- en klassieke velden.

Bij de ontwikkeling van deze resultaten als een benadering van het microniveau van de veldvergelijkingen van Einstein wordt een model voorgesteld dat gebaseerd is op de volgende aannames:

Het gravitatieveld in het gebied van de lokalisatie van elementaire deeltjes met massa m0 wordt gekenmerkt door de waarden van de gravitatieconstante K en constante $\Lambda$, die leiden tot de stationaire toestanden van een deeltje in zijn eigen gravitatieveld, en stationaire toestanden van de deeltjes zelf zijn de bron van het gravitatieveld met de Newtoniaanse gravitatieconstante G.

De complexiteit van het oplossen van dit probleem dwong ons tot de eenvoudigste benadering, namelijk de berekening van het energiespectrum alleen bij de benadering van de fijne structuur als gevolg van het relativisme. In deze benadering wordt het probleem voor de stationaire toestanden van een elementaire bron in het eigen zwaartekrachtsveld gereduceerd tot de oplossing van de volgende vergelijkingen:

$$f'' + \left( \frac{\nu' - \lambda'}{2} + \frac{2}{r} \right) f' + e^{\lambda} \left( K_n^2 e^{-\nu} - K_0^2 - \frac{l(l+1)}{r^2} \right) f = 0$$

(2)

$$-e^{-\lambda} \left( \frac{1}{r^2} - \frac{\lambda'}{r} \right) + \frac{1}{r^2} + \Lambda = \beta(2l+1) \left\{ f^2 \left[ e^{-\lambda} K_n^2 + K_0^2 + \frac{l(l+1)}{r^2} \right] + f'^2 e^{-\lambda} \right\} \qquad (3)$$

$$-e^{-\lambda} \left( \frac{1}{r^2} + \frac{\nu'}{r} \right) + \frac{1}{r^2} + \Lambda = \beta(2l+1) \left\{ f^2 \left[ K_0^2 - K_n^2 e^{-\nu} + \frac{l(l+1)}{r^2} \right] - e^{\lambda} f'^2 \right\} \qquad (4)$$

$$\left\{ -\frac{1}{2}\left( \nu'' + \nu'^2 \right) - \left( \nu' + \lambda' \right)\left( \frac{\nu'}{4} + \frac{1}{r} \right) + \frac{1}{r^2}\left( 1 + e^{\lambda} \right) \right\}_{r=r_n} = 0$$

(5)

$$f\left( \sqrt{\Lambda^{-1}} \right) = 0$$
(6)

$$f(r_n) = 0$$
(7)

$$R(\sqrt{\Lambda^{-1}}) = \Lambda$$

(8)

$$\int_{\sqrt{\Lambda^{-1}}}^{r_n} f^2 r^2 dr = 1$$

(9)

Vergelijkingen (2)-(4) volgen uit vergelijkingen (10)-(11)

$$\left\{ -g^{\mu\nu}\frac{\partial}{\partial x_\mu}\frac{\partial}{\partial x_\nu} + g^{\mu\nu}\Gamma^\alpha_{\mu\nu}\frac{\partial}{\partial x_\alpha} - K_0^2 \right\}\Psi = 0$$

(10)

$$R_{\mu\nu} - \frac{1}{2}g_{\mu\nu}R = -\kappa\left(T_{\mu\nu} - \mu g_{\mu\nu}\right)$$

(11)

na de vervanging van $\Psi$ in de vorm van $\Psi = f_{El}(r)Y_{lm}(\theta,\varphi)\exp\left(\frac{-iEt}{\hbar}\right)$ in de vorm van in

de vorm van specifieke berekeningen in het metrische centraal-symmetrieveld met het

door de uitdrukking gedefinieerde interval [4].

$$dS^2 = c^2 e^\nu dt^2 - r^2\left(d\theta^2 + \sin^2\theta d\varphi^2\right) - e^\lambda dr^2 \quad (12)$$

Boven aangegeven: $f_{El}$ is radiaalgolffunctie die de toestand beschrijft met een

bepaalde energie E en de orbitale impulsmoment $l$ (hierna worden de indexen $El$

weggelaten), $Y_{lm}(\theta,\varphi)$ zijn sferische functies, $K_n = E_n/\hbar c$ , $K_0 = cm_0/\hbar$ ,

$\beta = (\kappa/4\pi)(\hbar/m_0)$ , $\kappa = 8\pi K/c^4$ .

De rechterkant van vergelijkingen (3)-(4) worden berekend uit de algemene

uitdrukking voor de energie-momentumtensor van een complex scalair veld:

$$T_{\mu\nu} = \Psi^+_{,\mu}\Psi_{,\nu} + \Psi^+_{,\nu}\Psi_{,\mu} - \left(\Psi^+_{,\mu}\Psi^{,\mu} - K_0^2\Psi^+\Psi\right)g_{\mu\nu} \qquad (13)$$

De respectieve componenten $T$ worden verkregen door optelling van de index $m$ met

behulp van specifieke identiteiten voor de sferische functies [5] na de vervanging in

(13) $\Psi = f(r)Y_{lm}(\theta,\varphi)\exp\left(\frac{-iEt}{\hbar}\right)$.

In de eenvoudigste (in termen van initiële wiskundige evaluaties) benadering werd het probleem voor stationaire toestanden in het gravitatieveld (met de constanten $K$ en $\Lambda$ ) opgelost in [6]. Van de oplossing van dit probleem zou moeten zijn:

a) Als de numerieke waarden van $K$ $5\approx,1\times1031$ Nkg-2 en $=4,4\Lambda\times1029$ m-2 , is er een spectrum van stationaire toestanden van het elektron in zijn eigen zwaartekrachtveld (0,511 MeV ... 0,681 MeV). De hoofdtoestand is de waargenomen elektronenrust energie 0,511 MeV. *Deze numerieke waarde van $\Lambda$ heeft een belangrijke fysieke betekenis: een inleiding tot de Lagrangiaanse dichtheid permanent lid, niet afhankelijk van de staat van het veld. Dit impliceert het bestaan van een niet-verwijderbare ruimte-tijd kromming, die niet verbonden is met enige materie, noch met het zwaartekrachtsveld.*

b) Deze stabiele toestanden zijn de bronnen van het zwaartekrachtveld met constante $G$.

c) Overgangen tussen de stationaire toestanden van het elektron in zijn eigen gravitatieveld leidt tot gravitatiestraling, die wordt gekenmerkt door een constante $K$, die gravitatiestraling is de emissie van hetzelfde niveau als elektromagnetische (elektrische lading e, gravitatiebelasting ) $m\sqrt{K}$ . In dit verband heeft het geen zin om te zeggen dat de gravitatie-effecten in het kwantumgebied worden gekenmerkt door de constante $G$. Deze constante is alleen van toepassing op het macroscopische veld en kan niet worden overgedragen naar het kwantumniveau (die, tussen haakjes, we herinneren eraan, negatieve resultaten laten zien voor de detectie van gravitatiegolven met de constante G, en ze kunnen niet worden). Men is van mening dat volgens de Algemene Relativiteit (GR), gravitatiestraling alleen systeem met variabele quadrupool of hogere meerpolige momenten kan genereren. Onder deze aanname wordt het corresponderende vermogen van de zwaartekrachtstraling bepaald door de relatie:

$$L = \frac{1}{5}\frac{G}{c^5}\langle\frac{d^3 Q_{ij}}{dt^3}\frac{d^3 Q^{ij}}{dt^3}\rangle,$$

waarbij Qi j een quadrupool moment tensor is van de massaverdeling van het stralingsysteem, en de constante in deze relatie de orde van grootte van het stralingsvermogen bepaalt. Onterecht is deze formule, zoals uit het bovenstaande volgt, niet om de quadrupoolbenadering te gebruiken, maar in de berekening van het schema. De aanwezigheid van stationaire toestanden in het eigen gravitatieveld maakt een correcte berekening van de gravitatiestraling mogelijk in de strikte kwantumaanpak op basis van het spectrum van overgangen naar stationaire toestanden die al met constante K zijn. Zwaartekrachtgolven met de constante $G$ bestaan niet. Dat blijkt uit de negatieve resultaten van de detectie van gravitatiegolven, gebaseerd op de aanname van een volledig onwettige aanname van gravitatiegolfgeneratie door elke massaverdeling met variabele meerpolige (beginnend met quadrupool) momenten.

d) De aanwezigheid van de stationaire toestanden van het elektron in zijn eigen gravitatieveld is volledig in overeenstemming met de speciale relativiteitstheorie. Volgens STR wordt de relativistische relatie tussen energie en momentum verbroken, als we aannemen dat de totale energie van het elektron alleen wordt bepaald door de Lorentz-elektromagnetische energie [7]. In meer detail is de situatie als volgt [7]. De energie en het momentum van een bewegend elektron (aannemend dat de verdeling van elektrische lading bolvormig symmetrisch is) wordt bepaald door:

$$\overline{P} = \overline{V}\frac{\frac{4}{3}E_0\big/c^2}{\sqrt{1-\beta^2}} \tag{14}$$

$$E = \frac{E_0(1+\frac{1}{3}V^2\big/c^2)}{\sqrt{1-\beta^2}} \tag{15}$$

Als deze vergelijkingen zowel het totale momentum als de totale energie bepaalden, dan zou er sprake zijn geweest van de vergelijking:

$$E = \int (\overline{V}\, \frac{d\overline{P}}{dt})\, dt \tag{16}$$

Deze relatie bestaat echter niet omdat het integraal in het juiste deel gelijk is aan:

$$\frac{\frac{4}{3}E_0}{\sqrt{1-\beta^2}} + const \tag{17}$$

Als we aannemen dat het momentum in tegenstelling tot de energie puur elektromagnetisch is, de totale energie van het bewegende elektron en de totale energie van het rustende elektron en voor de rest van de massa, dan zouden we de relaties hebben:

$$E' = \frac{E_0'}{\sqrt{1-\beta^2}} \quad m_0 = \frac{E_0'}{c^2} = \frac{4}{3}\frac{E_0}{c^2}\,,\,,\, E_0' = \frac{4}{3}E_0$$

$$\tag{18}$$

waarbij de restmassa wordt bepaald door de vergelijking:

$$\overline{P} = \frac{m_0\overline{V}}{\sqrt{1-\beta^2}} \tag{19}$$

Dan (18) impliceert dat de totale energie van een elektron in rust 4/3 van zijn Lorentz-elektromagnetische energie is. Dat komt overeen met de numerieke gegevens over het spectrum van stationaire toestanden van het elektron in zijn eigen zwaartekrachtsveld. In het Standaard Model wordt de relativistische relatie tussen de energie en het momentum van het elektron verbroken, omdat wordt aangenomen dat de totale energie van het elektron alleen wordt bepaald door de elektromagnetische energie van Lorentz. Dit vloeit voort uit het feit dat de gravitatie-interactie op kwantumniveau in het standaardmodel niet in aanmerking wordt genomen.

Er moet onmiddellijk worden opgemerkt dat de numerieke evaluatie van het spectrum bij benadering is. De grootste onzekerheid is de schatting van de numerieke waarde van de eerste steady state, die steeds nauwkeuriger wordt naarmate je dichterbij komt $E_\infty = 171 keV$.

e) Met behulp van de Kerr-Newman metrische evaluatie van de numerieke waarden van K [8] kan met de formule worden verkregen:

$$K = \frac{r^2}{(mcr^2/L - L/mc)(m/rc^2 - e^2/r^2c^4)};$$

(20)

waarbij r, m, e, L, c de klassieke elektronenstraal, massa, lading, orbitaal impulsmoment, de lichtsnelheid, overeenkomstig zijn. De numerieke waarde van het orbitaal impulsmoment is gelijk aan de draaiing van het elektron.

We kunnen dus aannemen dat de fysische aard van de spin mogelijk is dat deze waarde het orbitaal impulsmoment van de deeltjes in hun eigen zwaartekrachtsveld is. Dit geeft aanleiding om te overwegen dat het gebruik van de Klein-Gordon-vergelijking niet zo eenvoudig is.

De afstand waarop het zwaartekrachtsveld met de constante K gelokaliseerd is, is minder dan de Compton-golflengte, en voor het elektron bijvoorbeeld is deze waarde van de orde van zijn klassieke straal. Op afstanden groter dan deze wordt het zwaartekrachtsveld gekenmerkt door de constante G, d.w.z. correcte overgang naar Klassieke GR houdt.

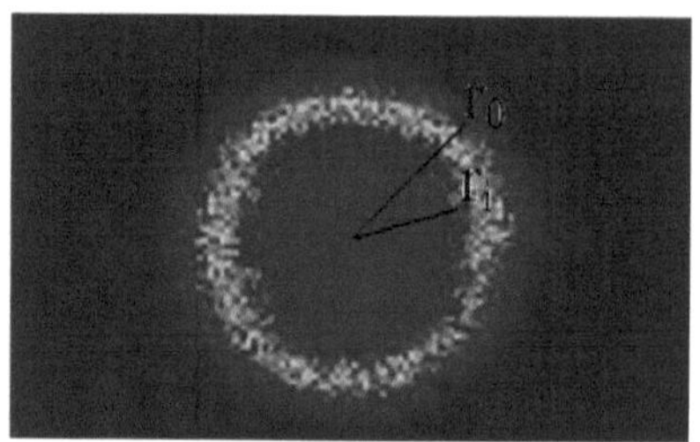


**Figuur 1.** Elektronen in het juiste zwaartekrachtveld in de stationaire grondtoestand.

ri - straal van onafneembare kromming,

r0 - "klassieke" elektronenstraal, zijnde een straal van de stationaire grondtoestand van het elektron in het juiste zwaartekrachtveld

**f)** Er is bepaalde analytische interesse in $\beta$-vervalprocessen met asymmetrie van uitgezonden elektronen [14], als gevolg van (zoals het hoort) pariteitsschending in zwakke interacties. $\beta$-asymmetrie in hoekverdeling van elektronen werd voor het eerst geregistreerd tijdens experimenten met gepolariseerde kernen $_{27}Co_{60}$, $\beta$- waarvan het spectrum wordt gekarakteriseerd door energieën van MeV. Als in het proces van $\beta$-verval uitgestoten elektronen worden geboren, dan is samen met het vervalschema

$$n \to p + e^- + \tilde{\nu} \tag{21}$$

er zal ook een vervalregeling zijn

$$n \to p + \left(e^*\right)^- + \tilde{\nu} \to e^- + \tilde{\gamma} + \tilde{\nu} \tag{22}$$

waar $\tilde{\gamma}$ graviton is.

Verval (22) wordt energetisch beperkt door energiewaarden van 1 MeV orde (bij benadering), rekening houdend met het verschil tussen het lagere excitatieniveau van de energie van elektronen (in het eigen zwaartekrachtsveld) en algemeen <100 keV en het eigenlijke karakterspectrum. Bijgevolg $\beta$-kan het verval van de 27Co60-kernen met dezelfde waarschijnlijkheid verlopen als in schema (21) of in schema (22) wordt beschreven. Voor de lichtkernen, zoals $_{1H3}\beta$- kan het verval alleen plaatsvinden zoals beschreven in schema (21). Tegelijkertijd kan de emissie van graviton door elektronen in het magnetisch veld precies de reden zijn voor de $\beta$-asymmetrie in de hoekverdeling van de elektronen. Als dat zo is, dan zal het fenomeen van de $\beta$-asymmetrie niet worden waargenomen in $\beta$-lichtradioactieve kernen. Dit zou betekenen dat $\beta$-asymmetrie in de hoekverdeling van elektronen, die wordt

15

geïnterpreteerd als een schending van de pariteit, het resultaat is van de zwaartekracht van de elektronen, die zich zou moeten manifesteren in het bestaan van $\beta$-verval aan de ondergrens, want daar $\beta$-lijkt de asymmetrie te bestaan. Aan de andere kant, als in het proces van $\beta$-verval creatie van elektronen 'verlaten staten plaatsvindt, er verdere emissie leidt asymmetrie in hoekverdeling van elektronen, dan kan worden bewezen in eenvoudiger experimenten met elektronenbundels, met behulp van anode diafragma om verlaten staten te bereiken. Hierdoor kunnen twee doelen tegelijkertijd worden bereikt:

-Het ontvangen van aanvullende informatie over het karakter van stationaire toestanden in het eigen zwaartekrachtveldspectrum.

-Registratie van de hoekverdeling van elektronen karakter (magnetisch veld georiënteerd) met aanwezigheid van verlaten staten en zonder hen zal de vraag van elektronen 'verlaten staten rol in mogelijke asymmetrie van de hoekverdeling te beantwoorden.

## 1.2. De spectra van de karakteristieke straling van sterren en laboratoriumplasma's

Figuur 2 toont de karakteristieke delen van het spectrum van zachte röntgenmicropinches. Aanpassing aan de bekende verbredingsmechanismen maakt de verbreding van het geregistreerde deel van het emissiespectrum van de micropinch niet zichtbaar. Het geeft de aanwezigheid aan van een extra mechanisme om het geregistreerde deel van het spectrum van de karakteristieke straling te verbreden door de bijdrage van de aangeslagen toestanden van elektronen in hun eigen gravitatieveld.

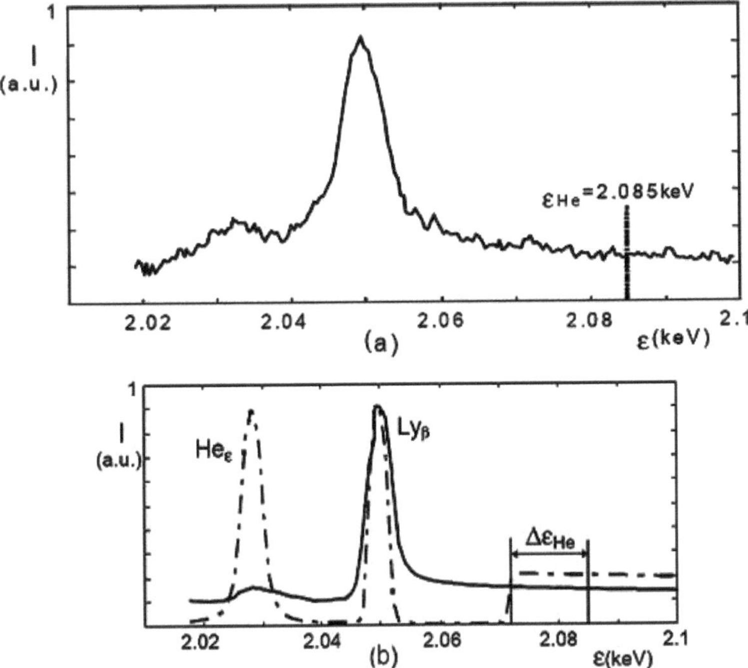


**Figuur 2.** Experimentele (a) en berekende (b) delen van het micropinch-spectrum genormaliseerd naar de intensiteit van de lijn Lyβ, in de ionisatiedrempel van de hoofdtoestand van He-achtige ionen. De vaste lijn in de belichaming b) komt overeen met een dichtheid van 0,1 g/cm3, en de stippellijn met 0,01 g/cm3; er werd aangenomen dat $T_e$ = 0,35 keV [10].

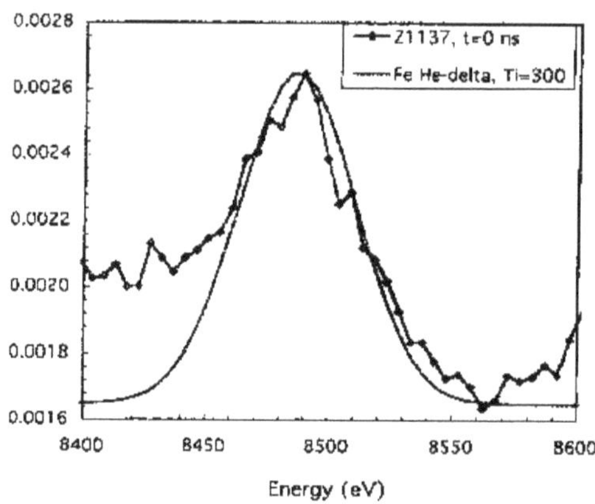

**Figuur 3.** Gemeten Fe He-δ lijn bij 8,488 keV (gebroken curve) vergeleken met de berekening (gladde curve),[11].

Twee groepen onderzoekers meldden onafhankelijk van elkaar [15, 16] dat ze in de röntgenspectra van clusters van melkwegstelsels een nieuwe stralingslijn met een energie van 3,57 keV ontdekten. Deze emissie zou afkomstig moeten zijn van het hete intergalactische gas dat de cluster van melkwegstelsels vult, maar, in tegenstelling tot andere geïdentificeerde lijnen, kan deze emissielijn niet worden toegeschreven aan een atoomovergang. De resultaten van deze metingen zijn weergegeven in de figuren 4 en 5. Tegelijkertijd kan de resonantie van de spectra van stationaire toestanden van elektronen in hun eigen zwaartekrachtveld, en de spectra van meervoudige ladingsionen niet alleen de geregistreerde emissielijn produceren, maar ook andere lijnen met vergelijkbare eigenschappen[12,13,17,18,19]. Het is te verwachten dat bij gedetailleerde registratie van de emissiespectra van astrofysische objecten de aanwezigheid van dergelijke lijnen in het energiebereik van meer dan 8 keV kan worden gevonden.

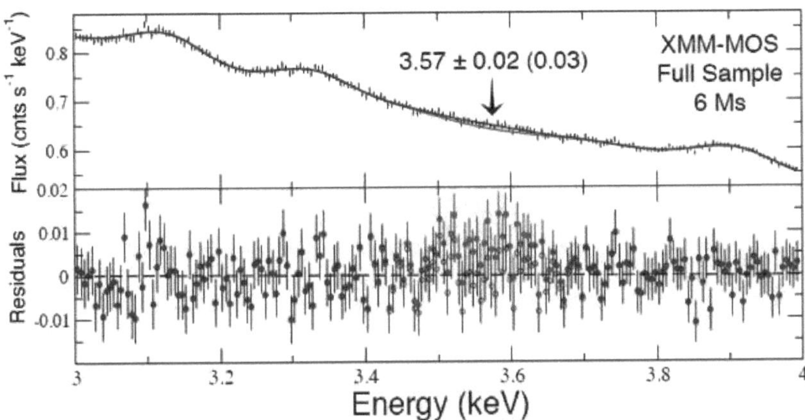


**Fig. 4.** Boven: MOS-cameraspectrum in het bereik van 3 tot 4 keV van het XMM-Newton-observatorium. Individuele balken zijn het resultaat van waarnemingen met onnauwkeurigheid, de rode curve is de beste weergave van het spectrum, rekening houdend met alleen de bekende ionenemissielijnen, de blauwe curve is het resultaat van een toevoeging van een andere, tot dan toe onbekende emissielijn. Hieronder: de afwijking van de waarnemingen van de rode en blauwe curven. [15]

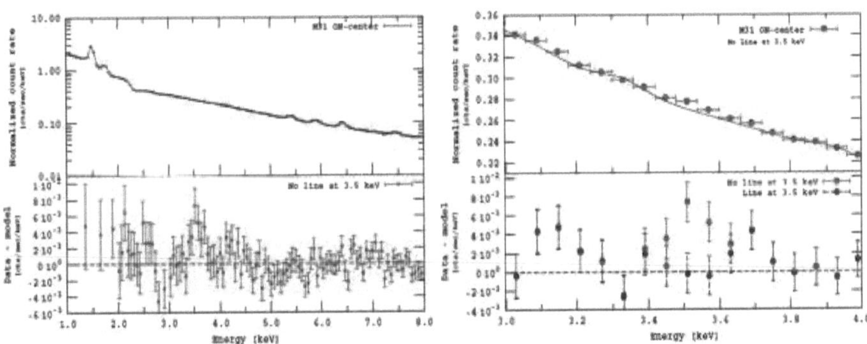

**Fig. 5.** Het röntgenspectrum van het centrale deel van de Andromedanevel volgens de resultaten van de MOS-camera-monitoring van het XMM-Newton-observatorium. Links: het hele bereik van 1 tot 8 keV, rechts 3 tot 4 keV. De benamingen zijn

dezelfde als in Fig.9. [16] Het energiespectrum van het elektron in zijn eigen zwaartekrachtveld (Figuur 6) en de energiespectra van het multielektron.

atomen (figuur 7,8) zijn zodanig dat er een resonantie van deze spectra is. Het ligt voor de hand dat het gevolg van een dergelijke resonante interactie het verschijnen is, inclusief nieuwe lijnen, van elektromagnetische overgangen die niet geassocieerd zijn met atoomovergangen.

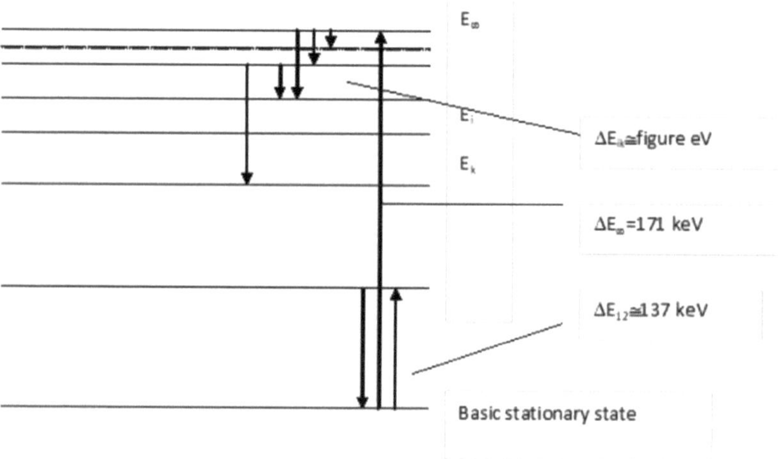


**Figuur 6.** Overgangen naar stationaire toestanden van elektronen in het juiste zwaartekrachtveld

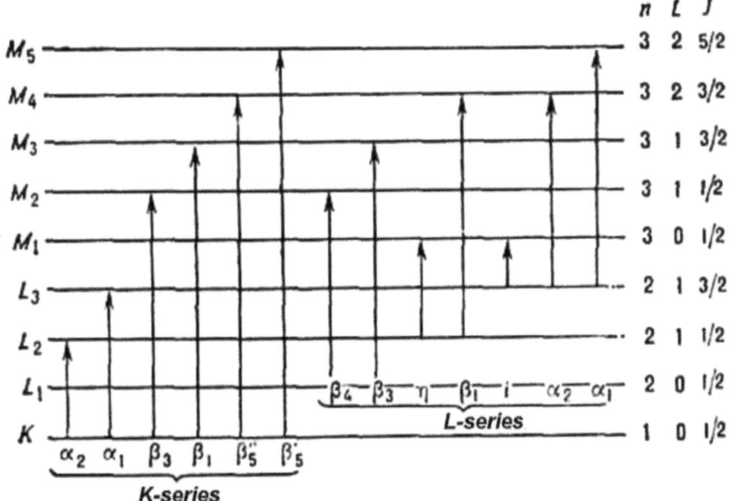



**Figuur 7.** Schema van K-, L- en M-niveaus van energie van het atoom, en de hoofdlijnen van K- en L-reeksen; n, l, j zijn de hoofdsom, de orbitale en de binnenste quantumnummers van energieniveaus κ, L1, L2 enz. De energieën van de fotonen van de hoofdlijnen bereiken eenheden en scores van keV.

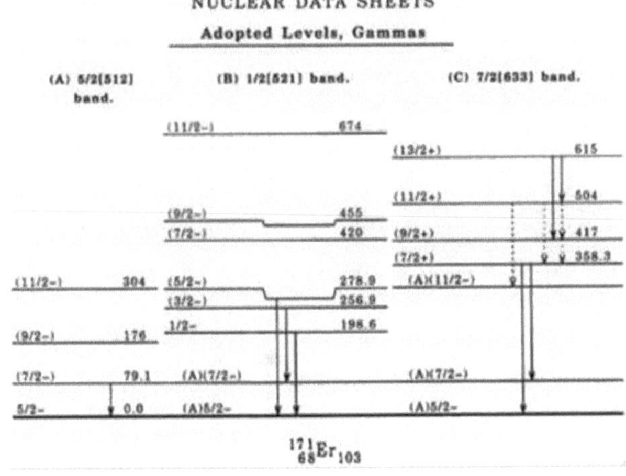

Figuur 8. Regelmatige rotatiebanden in de kern van $^{171}Er$. Lagere rotatie-energieniveaus van de kernen zijn behalve de belangrijkste door scores en honderden keV.

## 1.3. Rode Verschuiving als Fysiek Fenomeen

De kosmologische (metagalactische) roodverschuiving is een afname van de stralingsfrequentie, waarneembaar voor alle verre bronnen. Kosmologische roodverschuiving wordt vaak geassocieerd met het Doppler-effect. Maar in feite heeft het Dopplereffect niets te maken met de kosmologische roodverschuiving, die eigenlijk wordt bepaald door de ruimte-uitbreiding volgens GR. Er is een theorie dat de waargenomen rode verschuiving van melkwegstelsels niet alleen het resultaat is van een kosmologische rode verschuiving door uitbreiding van de ruimte, maar ook van een rode en violette verschuiving van het Dopplereffect door een goede beweging van de melkwegstelsels. De bijdrage van de kosmologische roodverschuiving overheerst echter op grote afstand. De vorming van kosmologische roodverschuiving lijkt als volgt te verlopen. Kijk eens naar het licht - een elektromagnetische golf die uit een ver sterrenstelsel loopt. Terwijl het licht door het universum gaat, breidt de ruimte zich uit. Het golfpakket strekt zich uit naast de ruimte, en de golflengte verandert dienovereenkomstig. Als de ruimte dubbel wordt verlengd, verdubbelt ook de golflengte en het golfpakket. Dit theoretisch gestroomlijnde beeld komt in veel gevallen niet overeen met de waarnemingsgegevens. De wet van de Hubble is bijvoorbeeld onvoldoende of houdt helemaal geen stand voor voorwerpen op een afstand van minder dan 10-15 lichtjaren, dat is precies voor die melkwegstelsels waarvan de afstanden het meest betrouwbaar worden geschat zonder rode verschuiving.

De wet van de Hubble geldt ook niet voor die melkwegstelsels op zeer grote afstanden, zoals miljarden lichtjaren, waar de waarde $z > 1$ mee overeenkomt. De afstanden tot de objecten met zo'n hoge roodverschuiving verliezen hun eenduidigheid. Op dergelijke afstanden manifesteren zich de specifieke kosmologische effecten - niet-stationariteit en ruimte-tijdkromming -. In het bijzonder wordt het idee van unieke, eenmalig gewaardeerde tijd niet meer van toepassing (een van de afstanden - de rode verschuivingsafstand - bereikt hier $r = v/H = 3{,}3$ Gpc), aangezien afstanden afhankelijk zijn van het veronderstelde model van het universum en van hun verwijzing naar een bepaald moment van de tijd. Daarom wordt alleen de waarde van de rode verschuiving gebruikt als kenmerk van zulke grote afstanden (de hoogste waarde van de rode verschuiving wordt geregistreerd voor het object GRB090423 (in Leeuw), deze bedraagt z=8,2. Fig.6 hierboven toont het energiespectrum van stationaire toestanden van een elektron in het juiste zwaartekrachtveld, in zijn eenvoudigste vorm. De weergave van alle kwantumtoestanden zal een gedetailleerder spectrum opleveren, met name in het bovenste gedeelte. Dit vloeit rechtstreeks voort uit de benadering waarin het in fig. 6 gegeven spectrum werd gevonden. Maar al deze benadering, met vergelijking van de spectra gegeven in fig.2 en fig.3, voorziet in de mogelijkheid van resonantie-overgangen tussen de stationaire toestand niveaus van elektromagnetische en gravitatie-interacties. Dezelfde overgangen zullen plaatsvinden in het geval van typische atoom-moleculaire spectra. Zo zou in kwalitatief opzicht een deel van de straling aanwezig moeten zijn in het hele spectrum van elektromagnetische, alsook van lokale bronnen van diffuse straling, als gevolg van resonantieovergangen tussen de spectra van elektromagnetische en gravitaire interacties. Dit betekent dat in dicht plasma met een hoge temperatuur op meervoudig geladen ionen (momentum high-current ontladingen), evenals in het plasma van ruimteobjecten, de aanwezigheid van aangeslagen toestanden van elektronen (als gevolg van ontegenzeggelijk bestaande spectrum van stationaire toestanden in het juiste zwaartekrachtveld), ongeacht de verdere ontwikkeling van de situatie, zal leiden tot verbreding van de corresponderende elektromagnetische stralingsspectrumlijnen. Dit is precies wat

wordt waargenomen in laboratorium experimenten met plasma, en in de verschuiving
van de lijnen van het melkwegstelsel stralingsspectrum (naast Doppler shift)

# 2.Fusion

## 2.1. De stand van de techniek

Uit de stand van de techniek is een zware stroom gepulseerde ontlading bekend, die met behulp van een cilindrische ontladingskamer (waarvan de eindvlakken als elektroden fungeren) wordt gevormd, die met een werkgas (deuterium, waterstof, een deuterium-tritiummengsel bij een druk van 0,5 tot 10 mm Hg, of edelgassen bij een druk van 0,01 tot 0,1 mm Hg) wordt gevuld. Dan wordt een ontlading van een krachtige condensatorbatterij uitgevoerd door het gas, waarbij de spanning van 20 tot 40 kV aan de anode wordt geleverd en de stroom in de vormende ontlading ongeveer 1 MA bereikt. In experimenten werd eerst een eerste fase van het proces waargenomen - plasma compressie naar de as door het huidige magnetische veld met afname van de huidige kanaaldiameter met ongeveer een factor 10 en de vorming van een helder gloeiende plasmakolom op de ontladingsas (z-pinch). In de tweede fase van het proces werd een snelle ontwikkeling van de huidige kanaalinstabiliteiten (knikken, spiraalvormige storingen, enz.) waargenomen.

De opbouw van deze instabiliteiten gebeurt zeer snel en leidt tot de afbraak van de plasmakolom (plasmastraaluitbarstingen, ontladingsstoornissen, enz.), zodat de ontladingslevensduur beperkt blijft tot een waarde in de orde van $10^{-6}$ s. Om deze reden blijkt het in een lineaire knijpbeweging onwerkelijk om te voldoen aan de voorwaarden van kernfusie zoals gedefinieerd door het Lawson-criterium $n > 1014^{cm-3s}$, waarbij n de plasmaconcentratie is, is de ontladingslevensduur.

Een soortgelijke situatie doet zich voor in een -pinch, wanneer naar een cilindrische ontladingskamer een extern longitudinaal magnetisch veld dat een azimuthal-stroom induceert, onder de indruk is.

Er zijn magnetische vallen bekend, die in staat zijn om een plasma bij hoge temperatuur gedurende lange tijd in te sluiten (maar niet voldoende om de kernfusie te laten doorgaan) binnen een beperkt volume. Er bestaan twee hoofdvarianten van magnetische valkuilen: gesloten en open.

Magneetvallen zijn apparaten die in staat zijn om een plasma bij hoge temperatuur lang genoeg binnen een beperkt volume op te sluiten.

Aan magnetische vallen van gesloten type (waarop de hoop om de voorwaarden van gecontroleerde kernfusie (CNU) te realiseren voor een lange tijd werden vastgepind) er behoren apparaten van het type Tokamak, Spheromak en Stellarator in diverse wijzigingen. In apparaten van het type Tokamak wordt een ringstroom die een roterende transformatie van magnetische krachtlijnen creëert opgewekt in het eigenlijke plasma. Spheromak vertegenwoordigt een compacte torus met een toroïdaal magnetisch veld in een plasma. Roterende transformatie van magnetische krachtlijnen, uitgevoerd zonder een ringvormige stroom in plasma op te wekken, wordt gerealiseerd in Stellarators.

Open-type magnetische valkuilen met een lineaire geometrie zijn: een magnetische fles, een ambipolaire val, een gasdynamische val. Ondanks alle ontwerpverschillen van de open en gesloten valkuilen zijn ze gebaseerd op één principe: het bereiken van hydrostatische evenwichtstoestanden van plasma in een magnetisch veld door de gelijkheid van de gaskinetische plasmadruk en de magnetische velddruk aan de externe grens van het plasma. De grote verscheidenheid van deze vallen komt voort uit het ontbreken van positieve resultaten.

Bij gebruik van een plasmafocusapparaat (PF) (zo wordt een elektrische ontlading genoemd) wordt een niet-stationaire tros van een dicht plasma met hoge temperatuur (in de regel deuterium) verkregen (deze tros wordt ook wel "plasmafocus" genoemd). PF behoort tot de categorie van de knijpers en wordt gevormd in het gebied van de stroomopnemer op de as van een ontladingskamer met een speciaal ontwerp. Als gevolg daarvan krijgt de plasmafocus, in tegenstelling tot een directe knijpbeweging, een niet-cilindrische vorm. In tegenstelling tot lineaire knijpapparaten, waarbij de functie van de elektroden door de kamereindvlakken wordt uitgevoerd, wordt in de PF de rol van de kathode door het kamerlichaam gespeeld, waardoor de plasmabundel de vorm van een trechter krijgt (vandaar de naam van het apparaat). Met dezelfde werkingsparameters als in de cilindrische knijper is in een PF apparaat een plasma met een hogere temperatuur, dichtheid en langere levensduur te verkrijgen, maar de daaropvolgende ontwikkeling van de instabiliteit vernietigt de ontlading, zoals het geval is in de lineaire knijper, en stabiele toestanden van het plasma worden eigenlijk niet bereikt.

Niet-stationaire trossen hogetemperatuurplasma worden ook verkregen in gasontladingskamers met een coaxiale opstelling van elektroden (met behulp van apparaten met coaxiale plasma-injectoren). Het eerste apparaat van dit type werd in 1961 in gebruik genomen door J. Mather (Mather J.W., "Formation on the high-density deuterium plasma focus", Phys. Fluids, 1965, vol. 8, p. 366). Dit apparaat werd verder ontwikkeld (in het bijzonder, zie (J.Brzosko et al., Phys. Let. A., 192 (1994), p. 250, Fysiek. Laat. A., 155 (1991), blz. 162)). Een essentieel element van deze ontwikkeling was het gebruik van een werkend gas dat gedoteerd is met multielectronenatomen. Injectie van plasma in dergelijke apparaten wordt bereikt door de coaxiale opstelling van cilindrische kamers, waarin de interne kamer die als anode functioneert geometrisch lager is dan de externe cilinder - de kathode. In het werk van J.Brzosko werd erop gewezen dat de efficiëntie van de productie van plasmabundels toeneemt wanneer waterstof wordt gedoteerd met multielectronische atomen. In deze apparaten beperkt de ontwikkeling van de instabiliteit echter ook de levensduur van het plasma aanzienlijk. Hierdoor is deze levensduur kleiner dan nodig is om de voorwaarden voor een stabiel verloop van de kernfusiereactie te bereiken. Met bepaalde ontwerpeigenschappen, in het bijzonder met het gebruik van conische coaxiale elektroden, zijn dergelijke apparaten al plasma-injectie-apparaten. In de bovengenoemde apparaten (apparaten met coaxiale cilindrische elektroden) blijft het plasma in alle stadia tot aan het plasmabederf in het magnetisch veldgebied, hoewel de injectie van plasma in de interelektrodenruimte plaatsvindt. In zuivere vorm wordt de injectie van plasma uit de interelectrode-ruimte waargenomen in apparaten met conische coaxiale elektroden. Het toepassingsgebied van de plasma-injectoren wordt beschouwd als een hulpmiddel voor de plasma-injectie met daaropvolgend gebruik (bijvoorbeeld voor het extra pompen van vermogen in apparaten van het type Tokamak, in laserapparaten, enz.

De bestaande stand van de techniek, gebaseerd op plasma-opsluiting door een magnetisch veld, lost dus niet het probleem op van het opsluiten van een dicht plasma bij hoge temperatuur gedurende een periode die nodig is om kernfusiereacties te laten plaatsvinden, maar lost wel effectief het probleem op van het opwarmen van plasma tot een toestand waarin deze reacties kunnen plaatsvinden.

## 2.2. De toestanden van het plasma in het uitzendende zwaartekrachtveld

Voor de hierboven genoemde energieën van overgangen over stationaire toestanden in het eigen veld en de energieniveaubreedtes zal het enige object waarin gravitatie-uitstraling als massaverschijnsel kan worden gerealiseerd, als volgt uit de hieronder gegeven schattingen, een dicht plasma met een hoge temperatuur zijn.

Met behulp van de Born-benadering voor de emissiedoorsnede kunnen we de uitdrukking voor het elektromagnetische per volume-eenheid per tijdseenheid opschrijven als

$$Qe = (\frac{32}{3} \quad \frac{z^2 r_0^2}{137} mc^2 \ n_e \ n_i \ \frac{\sqrt{2k \ T_e}}{\pi m} = 0.17 \times 10^{-39} z^2 n_e n_i \sqrt{T_e}, \quad 23)$$

waarbij $T_e$, k, $n_i$, $n_e$, m, z, $r_0$ de elektronentemperatuur, Boltzmann's constante, de concentratie van de ionische en elektronische componenten, de elektronenmassa, het serienummer van de ionische component, de klassieke elektronenstraal, respectievelijk zijn.

Door $r_0$ te vervangen door rg = 2K m/s2 (wat overeenkomt met het vervangen van de elektrische lading e door de zwaartekrachtlading $m \sqrt{K}$ ), kunnen we voor de zwaartekracht-emissie de verhouding gebruiken

Qg=0.16Qe.

(24)

Uit (23) volgt dat in een dicht hogetemperatuurplasma met de parameters $n_e = n_i = $ 1023 m-3, $T_e = {}^{107}$ K, het specifieke vermogen van de elektromagnetische emissie gelijk is aan 0 $\approx$ ,53 $^{1010}$ J/m3 s, en het specifieke vermogen van de zwaartekrachtemissie aan 0,86 $^{109}$ J/m3 s. Deze waarden van de plasmaparameters kunnen blijkbaar worden aangenomen als richtwaarden voor een merkbaar niveau van gravitatie-uitstoot, omdat het relatieve aandeel van de elektronen waarvan de energie in de volgorde van de energie van overgangen in het eigen gravitatieveld, afneemt in overeenstemming met de Maxwelliaanse distributie-exponent naarmate de $T_e$ afneemt.

De aanwezigheid van cascadeovergangen van de bovenste naar de onderste aangeslagen niveaus zal ertoe leiden dat de elektronen, die in het energiegebied boven de 100 keV worden aangeslagen, vooral in het eV-gebied zullen worden uitgestoten, d.w.z. dat de energieoverdracht langs het spectrum naar het laagfrequente gebied zal plaatsvinden. Een dergelijk energieoverdrachtmechanisme kan alleen plaatsvinden door het afschrikken van de spontane emissie van de lagere elektronenenergie in het eigen zwaartekrachtsveld, waardoor de emissie met kwantumenergie in het keV-gebied wordt uitgesloten. Een gedetailleerde beschrijving van het mechanisme van de energieoverdracht langs het spectrum zal hierna de exacte numerieke kenmerken geven. Desalniettemin kan ongetwijfeld het feit van het bestaan ervan, geconditioneerd door het banderige karakter van het spectrum van de zwaartekracht bremsstrahlung, worden beweerd. Het laagfrequente karakter van het gravitatie bremsstrahlungsspectrum zal ertoe leiden dat de versterking ervan in het plasma door de vergrendelingsvoorwaarde $\omega_g \leq 0.5\sqrt{10^3 n_e}$ wordt vervuld.

Vanuit het oogpunt van de praktische realisatie van de toestanden van een plasma bij hoge temperatuur dat door het uitgestraalde zwaartekrachtsveld wordt samengeperst, zijn twee omstandigheden van belang.

Eerst. Plasma moet bestaan uit multicomponenten, waarbij meervoudig geladen ionen worden toegevoegd aan waterstof, die nodig zijn voor het afschrikken van de spontane emissie van elektronen uit het aardse energieniveau in het eigen zwaartekrachtveld. Voor dit doel is het noodzakelijk om ionen te hebben met de energieniveaus van elektronen die dicht bij de energieniveaus van vrij opgewekte elektronen liggen. Het afschrikken van de lagere aangeslagen toestanden van de elektronen zal bijzonder effectief zijn in de aanwezigheid van een resonantie tussen de energie van aangeslagen elektronen en de energie van elektronenexecutie in het ion (in het uiterste, meest gunstige geval - ionisatie-energie). Een verhoging van z verhoogt ook het specifieke vermogen van de gravitatie bremsstrahlung, zodat op voorwaarde dat aan de voorwaarde $\omega_g \leq 0.5\sqrt{10^3 n_e}$ wordt voldaan, de gelijkheid van de gas-kinetische druk en de stralingsdruk

$$k(_{ne\ Te} +_{ni\ Ti}) = 0,16(0,17\ 10\text{-}39\ z2\ _{ne\ ni}\sqrt{T_e}\ )\Delta t$$

(25)

vindt plaats bij $\Delta t = (^{10\text{-}6} \text{-}10\text{-}7)$ s voor de toelaatbare parameterwaarden van samengeperst plasma $_{ne} = (1 + a)_{ni} = (1025 - 1026)$ m-3, a > 2, Te Te $\approx= 108$ K·z >10.

Ten tweede. De noodzaak van plasma-uitstoot uit het gebied van het magnetisch veld met de voorlopige parameters $_{ne} = (1023 - 1024)$ m-3, Te = $(^{107} - {}^{108})$ K met daaropvolgende energie pompen uit het magnetisch veld gebied.

## 2.3. Opbouw van de installatie en de werkstukken

In de aangeboden methode voor het vormen van dichte-hoge-temperatuur plasma steady states voor kernfusie wordt een nieuw fundamenteel concept gebruikt, namelijk het vasthouden van plasma door uitgestraald zwaartekrachtveld als straling van dezelfde soort als elektromagnetische straling: Het vormen en versnellen van multicomponent plasma met multivalente ionen door het versnellen van het magnetisch veld in een puls-hoge-stroom ontlading. Injectie van multicomponent plasma uit de ruimte van het versnellend magnetisch veld: opwindende stationaire toestanden van een elektron in zijn eigen gravitatieveld in het bereik van energie tot 171 keV met volgende straling onder de voorwaarde van het doven van lagere aangeslagen energieniveaus van ionenelektronenschil van een zware component (met inbegrip van het doven van aangeslagen toestand van elektronen direct in kernen van klein opeenvolgend aantal als koolstof) bij het vertragen van plasmabundel die uit de ruimte van het versnellend magnetisch veld wordt uitgeworpen. Cascade-overgangen van de bovenste niveaus worden gerealiseerd in het proces van energieovergang van de zwaartekrachtstraling naar het langegolfbereik. . Dit is precies het mechanisme van het houden van plasma dat wordt uitgezonden door het gravitatieveld naast de magnetische manier van het houden van plasma. Het is het duidelijkst te zien aan de beweging van de deeltjesvergelijking in de klassieke benadering (en het lange golfdeel van het uitgestraalde zwaartekrachtsveld voldoet eraan), die als volgt is:

$$\frac{d^2 x^i}{ds^2} + \Gamma_{kl}^i \frac{dx^k}{ds} \frac{dx^l}{ds} = 0 \tag{26}$$

Waar $\dfrac{d^2 x^i}{ds^2}$ is 4-acceleratie van de deeltjes en de hoeveelheid, $m\Gamma_{kl}^i \dfrac{dx^k}{ds} \dfrac{dx^l}{ds}$ is "4-kracht".

Tegelijkertijd moeten beide acties uiteraard om beurten plaatsvinden op een manier die wordt beschreven in [18,19]: het opwarmen van plasma met behulp van magnetische veldcompressie, het is na injectie uit het magnetisch veld voor de laatste fase van de compressie en het houden van plasma uitgestraald door het gravitatieveld

Zo kan de gravitatie-uitstoot in dicht plasma met hoge temperatuur worden verlaten en in sommige omstandigheden worden vergroot, maar de vergroting ervan leidt tot compressie van het uitstralende systeem. Wanneer de gravitatie-uitstoot wordt vergroot, is het dus mogelijk om niet de gravitatie-uitstoot zelf waar te nemen, maar alleen het resultaat van de activiteit.

De volgorde van de handelingen wordt uitgevoerd in een tweedelige kamer van de MAGO-installatie (Afb. 9, ontwikkeld in Experimental Physics Research Institute,[9], Sarov; de structuur van de installatie is het meest geschikt voor de geclaimde methode van het vormen van steady states van het dichte hoge temperatuur plasma) met magnetodynamische uitstroom van plasma en verdere conversie van de plasmabosenergie (in het proces van doven) in de plasmawarmte-energie voor het veiligstellen van zowel verdere opwarming van het plasma als opwindende gravitatiestraling en de doorvoer ervan naar een lange-golf deel van het spectrum met als gevolg plasma compressie in de conditie van straling blokkeren en verhogen .

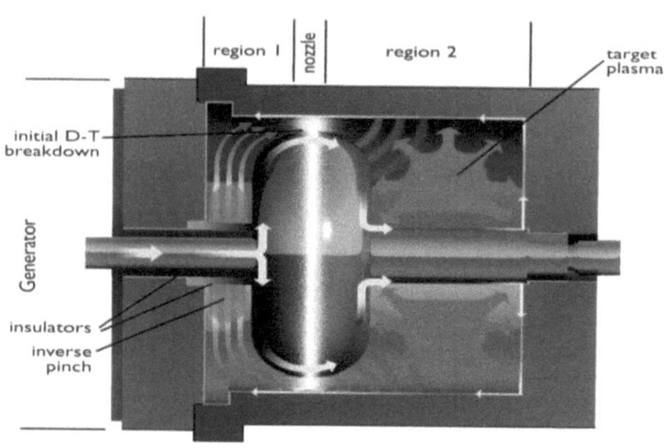


**Figuur 9.** Schets van de ontladingskamer

Lader-1 Pulsed Power Generator is de meest aanvaardbare optie om te worden gebruikt in een belichaming van een condensatorontladingsapparaat. De assemblage van dit apparaat is gestart in het Aerophysics Research Center (ARC) van de Universiteit van Alabama in Huntsville op basis van de Decade Module Two (DM2) eenheid. Het gebruik van deze generator zoals gepland op het deuterium-tritiummengsel zou in de praktijk een herhaling zijn van het ITER-project. Tegelijkertijd zou het gebruik ervan in de voorgestelde versie van het plasma-experiment samen met de MAGO-faciliteit het project aanzienlijk versterken, waardoor zowel in de magnetische explosiemodus als in de generator met een condensatorbatterijmodus kan worden gewerkt.

Interessant is dat er twee modi van de installatie zijn, afhankelijk van de samenstelling van het werkgas.

1. Een samenstelling met waterstof en (bijvoorbeeld) xenon die zorgt voor het bereiken van steady states van plasma met als gevolg de realisatie van thermonucleaire reacties voor samenstellingen van (d+t) + multi-ladingsatomen type.

Fusiereactie die helium creëert, genereert neutronen

$$^2_1H + ^3_1H \rightarrow ^4_2He + ^1_0n + 17.6 \; MeV$$

en werd belichaamd in het bekende Teller-Ulam ontwerp met stralingsimplosie.

Een toepassing van het ontwerp van het compressie-door-de-gestraalde-zwaartekrachtsveld wordt, in tegenstelling tot het ontwerp van de Teller-Ulam, niet beperkt door het minimale ontladingsvermogen dat gepaard gaat met het gebruik van een plutoniumkern. Dit betekent zowel een haalbaarheid van deze snelle fusiereactie een gestage modus voor lage vermogensontladingen, als (onder bepaalde omstandigheden) een haalbaarheid van het vrijkomen van explosieve energie zonder het gebruik van splijtbare elementen (zoals plutonium en uranium) voor hoge vermogensontladingen.

2. Een samenstelling met waterstof en koolstof die thermonucleaire reacties van de koolstofcyclus in de plasma-stadiummodus levert, inclusief energie-opname in de vorm van elektromagnetische stralingsenergie.

De CNO-cyclus is een reeks fusiereacties die resulteren in de omzetting van waterstof in helium met behulp van koolstof als katalysator.

In een compacte notatie zou deze cyclus worden geschreven als

$$^{12}C(p,\gamma)^{13}N(e+\nu)^{13}C(p,\gamma)^{14}N(p,\gamma)^{15}O(e+\nu)^{15}N(p,\alpha)^{12}C$$

De $^{15}N(p,\alpha)^{12}C$ reactie rondt de cyclus af. Het netto resultaat is dat vier protonen in $\alpha$-deeltjes veranderen - $^4He$ kern zonder neutronen onder de eindproducten van de cyclus. Bij de productie van één heliumkern komt 25 MeV vrij, de geproduceerde neutrino's dragen ongeveer 5% meer van die energie weg. Een bijzonderheid van een dergelijke fusiereactiecyclus is dat deze plaatsvindt onder natuurlijke omstandigheden van astrofysische objecten. Tegelijkertijd maken bijvoorbeeld de ontwerpkenmerken van de MAGO-faciliteit het mogelijk om een dergelijke VAC-modus (Volt-ampère-karakteristiek) te bereiken die de snelheid van de koolstofcyclusreacties verhoogt. Een implementatie van de koolstofcyclus in het gravitatiecompressieontwerp kan mogelijk een basisontwerp worden om stabiele toestanden van het thermonucleaire plasma te vormen, rekening houdend met een lage overvloed aan waterstof- en lithium-isotopen die reageren zonder dat er neutronen worden geproduceerd. De grootste onnauwkeurigheid heeft betrekking op een schatting van de numerieke waarde van de eerste stationaire toestand $E_1$ , met een nauwkeurigheid die toeneemt naarmate deze dichterbij komt $E_\infty = 171\ keV$ , waardoor een gedetailleerder spectrum ontstaat, vooral in het bovenste gedeelte. Maar al uit deze benadering volgt de mogelijkheid van resonerende overgangen over de niveaus van de stationaire toestanden van elektromagnetische en gravitaire interacties. De populaties van de kwantumniveaus en dus de kenmerken van het spectrum blijken significant te verschillen voor plasma's met verschillende gehaltes aan meervoudig geladen ionen. Fysiek wordt dit gedefinieerd door de concurrentie van de processen van de stralingsovergang (d.w.z. spontane emissie) en de niet-stralingsovergang wanneer een atoom in botsing komt met een elektron. Wanneer de bovenste energieniveaus van een elektron in plasma van meervoudig geladen ionen worden verlaten, zullen cascadeovergangen naar lagere energieniveaus leiden tot de overdracht van gravitatiestraling naar het lange-golfdeel van het spectrum [20,21]. Het is echter duidelijk dat dit niet voldoende is voor het versterken van de zwaartekrachtstraling van het plasma. Het thermonucleaire plasma dient te zijn samengesteld uit verschillende soorten multipurpose-ionen. Hun concentraties en volgnummers moeten zodanig zijn dat (met behulp van de resonantie van de spectra van energieniveaus) er een inversie van populaties is langs het spectrum van stationaire toestanden van een elektron in zijn eigen zwaartekrachtveld.

In het geval dat de concentratie van vermenigvuldigd geladen ionen laag is, en hun spectrum van energietoestanden niet voldoet aan de voorwaarden voor het versterken van de gravitatiestraling van elektronen, zal er micropinch optreden [11], gevolgd door het daaropvolgende snelle verval.

# Conclusie

1. Als de numerieke waarden van $K$ $5\approx,1\times1031$ Nm2kg-2 en $=4,4\Lambda\times1029$ m-2 , is er een spectrum van stationaire toestanden van het elektron in zijn eigen zwaartekrachtveld (0,511 MeV ... 0,681 MeV). De hoofdtoestand is de waargenomen elektronenrust energie 0,511 MeV. *Deze numerieke waarde van $\Lambda$ heeft een belangrijke fysieke betekenis: een inleiding tot de Lagrangiaanse dichtheid permanent lid, niet afhankelijk van de staat van het veld. Dit impliceert het bestaan van een niet-verwijderbare ruimte-tijd kromming, die niet verbonden is met enige materie, noch met het gravitatieveld.*

Deze stabiele toestanden zijn de bronnen van het zwaartekrachtveld met constante $G$.

2. Overgangen tussen de stationaire toestanden van het elektron in zijn eigen gravitatieveld leidt tot gravitatiestraling, die wordt gekenmerkt door een constante $K$, die gravitatiestraling is de emissie van hetzelfde niveau als elektromagnetische (elektrische lading e, gravitatiebelasting ) $m\sqrt{K}$ . De aanwezigheid van stationaire toestanden in het eigen gravitatieveld maakt een correcte berekening van de gravitatiestraling mogelijk in de strikte kwantumbenadering op basis van het spectrum van overgangen naar stationaire toestanden die al met constante K zijn.

3. Aanpassing aan de bekende verbredingsmechanismen maakt de verbreding van het geregistreerde deel van het emissiespectrum van de micropinch niet zichtbaar. Het geeft de aanwezigheid aan van een extra mechanisme om het geregistreerde deel van het spectrum van de kenmerkende straling te verbreden door de bijdrage van de aangeslagen toestanden van de elektronen in hun eigen gravitatieveld. Het energiespectrum van het elektron in zijn eigen zwaartekrachtveld en de energiespectra van multielektronatomen zijn zodanig dat er een resonantie van deze spectra is. Het ligt voor de hand dat het gevolg van een dergelijke resonante interactie het verschijnen is, met inbegrip van nieuwe lijnen, van elektromagnetische overgangen die niet geassocieerd zijn

met atoomovergangen.

4. In de aangeboden methode voor het vormen van dichte-hoge-temperatuur plasma steady states voor kernfusie wordt een nieuw fundamenteel concept gebruikt, namelijk het vasthouden van plasma door uitgestraald zwaartekrachtveld als straling van dezelfde soort als elektromagnetische straling:

Het vormen en versnellen van binair plasma met multivalente ionen door het versnellen van het magnetisch veld in een puls-hoge-stroom ontlading.

Injectie van binair plasma uit de ruimte van het versnellend magnetisch veld

De volgorde van de bewerkingen wordt uitgevoerd in een tweedelige kamer van de MAGO-installatie met magnetodynamische uitstroom van het plasma en verdere omzetting van de energie van de plasmabundel (in het proces van afschrikken) in de plasmawarmte-energie voor het veiligstellen van zowel verdere opwarming van het plasma als opwindende zwaartekrachtstraling en de doorvoer ervan naar een lange-golf deel van het spectrum met als gevolg plasmacompressie in de toestand van blokkering van de straling en toename van het aantal stralingen. Het thermonucleaire plasma dient te zijn samengesteld uit verschillende soorten multipurpose-ionen. Hun concentraties en volgnummers moeten zodanig zijn dat (met behulp van de resonantie van de spectra van energieniveaus) er een inversie van populaties is langs het spectrum van stationaire toestanden van een elektron in zijn eigen zwaartekrachtveld.

**Referenties**

1 Hilbert D. Fundamentals of Physics, 1 Mitt. God. Nachr.,1915, wiskunde.-nat.kl., 395.

2.Siravam C. en Sinha K., Phys. Rep. 51 (1979) 112.

3.Friedmann A. Zs.Phys. 10, 377 (1922).

4. Landau, L.D. &Lifshitz, E.M. *Field Theory* (Moskou, Uitgeverij "Nauka", 1976).

5. Warshalovich, D. A. *et al. Quantum Theory of Angular Momentum* 282-285 (Leningrad, uitgeverij     "Nauka", 1975).

6.Fisenko S. I., Fisenko I. S., "The old and new concepts of physics", V6, Nummer 4 (2009), p. 495-521

7. W. Pauli: Relativiteitstheorie; Pergamon Press; 1958.

8. Fisenko S. et al., Phys. Lett. A, 148,8,9 (1990) 405.

9.O. M. Burenkov, Y. N. Dolin, P. V. Duday, V. I. Dudin, V. A. Ivanovsky, G. V. Karpov, et al. "New Configuration of Experiments for MAGO Program", XIV International Conference on Megagauss Magnetic Field Generation and Related Topics (14-19 oktober 2012), Maui, Havaii, USA, p. p. 95-99.

10.M. G. Haines et al., PRL, 96, (2006). Viscous Heating bij stagnatie in Z-Pinches, p. p. 075003-075008

11.V.Yu. Politov, A.V. Potapov, L.V. Antonova, Voortzetting van de internationale conferentie "V Zababakhin Scientific Proceedings" (1998)

12.Fisenko S. I., Fisenko I. S., International Journal of Theoretical and Applied Physics (IJTAP), Vol. 2 (2), (december, 2012), Het discrete energiespectrum van de zwaartekrachtstraling in de relativistische gravitatietheorie, p. 32-39

13. Fisenko S.I.,Fisenko I.S., Journal of Modern Physics, Vol. 4, Nummer 4 (April 2013),p.p.481-485.

14. Wu Z. S., Moshkovsky S. A., -Decay, Atomizdat, Moskou (1970).

15. E. Bulbul et al. Detectie van een niet-geïdentificeerde emissielijn in het gestapelde röntgenspectrum van melkwegclusters // е-принт arXiv:1402.2301 [astro-ph.CO].

16. A. Boyarsky, O. Ruchayskiy, D. Iakubovskyi, J. Franse. Een niet-geïdentificeerde lijn in röntgenspectra van het Andromeda-melkwegstelsel en het Perseus-melkwegstelsel // е-принт arXiv:1402.4119 [astro-ph.CO].

17. Fisenko S.I.,Fisenko I.S. Journal of Applied Mathematics and Physics, Volume 2, Nummer 5

18. Fisenko S.I.,Fisenko I.S., Journal of Modern Physics, Vol. 5, Nummer 15, p.p.1397-1401, (September, 2014), (Titel: Is Zwaartekrachtstraling een straling van hetzelfde niveau als Elektromagnetische straling?)

19. S I Fisenko en I S Fisenko 2015 J. Fysiek..: Conf. Ser. 574 012157 doi:10.1088/1742-6596/574/1/012157(Titel: Gravitational straling als straling hetzelfde niveau van elektromagnetische en de generatie ervan in gepulseerde hoge-stroom ontlading)

20.Fisenko Stanislav, Journal of Modern Physics, Vol. 7, Nummer 10, p.p.1045-1048,(Mei, 2016), (Titel: The problem on stationary states in self gravitational field), http://www.scirp.org/journal/jmp.

21. Fisenko S. I. IOSR Journal of Applied Physics (IOSR-JAP) e-ISSN: 2278-4861.Volume 9, uitgave 1 Ver. III (jan. - feb. 2017), PP 09-19 (Titel: To the Issue of Reconciling Quantum Mechanics and General Relativity), www.iosrjournals.org).

Printed by Books on Demand GmbH, Norderstedt / Germany